AF336962

SOCIÉTÉ D'ANTHROPOLOGIE DE LYON

— SÉANCE DU 3 FÉVRIER 1894 —

# Observations Anthropologiques

SUR LES

# CRANES DE LA NÉCROPOLE DE SIDON

PAR

## ERNEST CHANTRE

LYON

IMPRIMERIE ALEXANDRE REY

4, RUE GENTIL, 4

—

1895

# OBSERVATIONS ANTHROPOLOGIQUES

## SUR LES

# CRANES DE LA NÉCROPOLE DE SIDON

L'importante nécropole de Sidon (Saïda) a été découverte et explorée par S. E. Hamdy bey, directeur du Musée Impérial de Constantinople, dans le cours de deux campagnes archéologiques en Syrie durant les années 1887-1888.

La description de cette nécropole, les incidents auxquels a donné lieu son exploration, ainsi qu'une étude des tombeaux magnifiques qu'elle renfermait, ont fait l'objet déjà d'un mémoire important, et plus tard celui d'une monographie considérable, actuellement en cours de publication. Le territoire dans lequel cette nécropole a été taillée se trouve dans la plaine, au bas de celui d'Hilalié. Elle est située à 34 mètres au dessus du niveau de la mer, et est distante de 1250 environ. Elle se compose de deux hypogées voisins l'un de l'autre, dans lesquels on ne pouvait pénétrer que par des puits. L'un d'eux contenait le sarcophage anthropoïde égyptien en diorite, du roi Tabnith, fils d'Echmounasar roi de Sidon. L'autre, constitué par sept caveaux, renfermait dix-sept sarcophages. La plupart de ceux-ci sont en marbre blanc et ornés de sculptures importants souvent polychromes.

On peut citer parmi les plus remarquables, en dehors de celui de Tabnith qui porte une inscription phénicienne du plus haut intérêt, celui dit « des Pleureuses », un autre dit « du Satrape » et enfin le merveilleux sarcophage dit « d'Alexandre », un des plus purs chef-d'œuvre de l'art grec. En outre de la beauté de ces monuments qui forment un ensemble unique, on est frappé par la variété des styles qu'ils représentent, et qui correspondent à des époques et à des provenances fort diverses. C'est ainsi que l'on trouve côte à côte, et que l'on admire un sarcophage égyptien destiné à un roi phénicien, un autre dû à un artiste athénien de premier ordre; d'autres enfin, d'aspect plus particulièrement ionien, ou d'une origine lycéenne. Ces divers sarcophages utilisés, à peu de chose près, à la même époque, sont loin d'être synchroniques. En effet, tandis que celui d'Alexandre ne remonte guère qu'à la fin du IV<sup>e</sup> siècle, celui dit du « Satrape » appartient au V<sup>e</sup>. L'étude de ces sarcophages a donné lieu à de véritables découvertes sur le développement de la sculpture grecque, car c'est la première fois que l'on découvrait des monumen s de ce genre, affectant la forme d'un temple décoré de bas-reliefs comme ceux du Satrape, des Pleureuses et d'Alexandre.

Ce groupe extraordinaire de sarcophages de provenances diverses et d'époques différentes présente encore, au point de vue de la connaissance des usages funéraires phéniciens, un très grand intérêt. C'est ainsi que l'on constate que ce peuple, chez qui le goût si prononcé du commerce n'avait pas laissé de place à un art national, s'adressait à des artistes étrangers pour la décoration de leurs sépultures, ou bien ils s'accommodaient de tombeaux ayant appartenu à d'autres, dans un pays étranger. C'est ainsi que Tabnith fit venir pour lui d'Egypte un sarcophage qui avait déjà servi pour un général égyptien.

Il ne m'appartient pas d'entrer ici dans la description de ces célèbres tombeaux, je dois donner pourtant quelques renseignements sur celui de Tabnith dont j'ai plus particulièrement à m'occuper dans mon étude anthropologique des crânes de cette nécropole.

Le sarcophage de Tabnith, du type anthropoïde, est une cuve creusée dans un monolithe de diorite d'Egypte. Il a 2<sup>m</sup>50 de longueur totale et 1<sup>m</sup>10 de largeur aux épaules. Des écritures hiéroglyphiques font le tour de la cuve. Le couvercle est orné de onze lignes de même écriture. Une inscription phénicienne du plus haut intérêt couvrait la ligne horizontale des pieds. Elle a sept lignes, et en voici la traduction d'après Renan :

« C'est moi Tabnith, prêtre d'Astarté, roi des Sidoniens, fils d'Esmounazar, prêtre d'Astarté, roi des Sidoniens, qui suis couché dans cette arche. O homme, qui que tu sois qui découvriras cette arche, n'ouvre pas ma chambre sépulcrale, et ne me touche pas. Car il n'y a pas d'argent, il n'y a pas d'or, il n'y a pas de trésor à côté de moi. Je suis couché seul dans cette arche. N'ouvre pas cette chambre sépulcrale, car un tel acte est une abomination aux yeux d'Astarté. Si tu ouvres ma chambre sépulcrale, et si tu viens me troubler, puisses tu n'avoir pas de postérité parmi les vivants sous le soleil, ni de lit parmi les morts. »

Voici maintenant d'après Hamdy bey, comment se trouvait le roi de Sidon quand il l'a découvert.

« Tabnith avait été placé dans son tombeau sur une planche légèrement concave occupant le fond de la cuve dont elle prenait la forme. Cette planche parfaitement conservée est en bois de sycomore; elle a 1$^m$84 de longueur sur 32 centimètres de largeur du côté de la tête et 21 centimètres du côté des pieds. De chaque côté, elle était pourvue de six anneaux en argent dont un existe encore sur la planche. Ils étaient fixés au moyen de clous dont les pointes, après l'avoir traversée de part en part, ont été repliées à coups de marteau. On ficelait fortement le cadavre des pieds à la tête le long de cette planche, sur laquelle on voit encore très distinctement près des anneaux la trace qu'ont laissée les cordons [1]. »

Durant l'un de mes derniers séjours à Constantinople, S. E. Hamdy bey m'a prié d'étudier les ossements humains renfermé dans les tombeaux qu'il a découverts à Saïda.

La plupart des squelettes des individus inhumés dans cette célèbre nécropole ont disparu, et les crânes qui ont résisté, et qui ne se trouvent qu'au nombre de six, sont en général en fort mauvais état. Aussi, une étude minutieuse de ces crânes est-elle assez difficile. J'ai accepté néanmoins cette tâche ardue, car il m'a paru du

---

[1] Philippe Berger, Le Sarcophage de Tabnith (*Revue archéol.*, 3$^e$ série X, p. 1, 1889).

plus haut intérêt de connaître la morphologie crâniométrique des personnages dont les sarcophages sont dignes par leur magnificence, de l'origine que l'on croit pouvoir leur attribuer.

Ces crânes, numérotés de 1 à 6, proviennent des sarcophages dont la description a été donnée par S. E. Hamdy bey et M. Théodore Reinach [1].

Un tableau résume leurs caractères principaux qui méritent d'être comparés à ceux de quelques autres crânes trouvés dans cette localité, et dans les contrées voisines.

Nº 1. — Ce crâne, attribué au roi Tabnith, est accompagné du squelette conservé presque en entier. Recouvert en partie de sable fin, les tissus peauciers et les muscles se sont conservés intacts. Seules quelques parties découvertes du corps ont été atteintes par l'air, et les chairs en se décomposant ont laissé le squelette à nu. C'est ainsi que les muscles de la face ont presque entièrement disparu, tandis que la peau encore garnie de cheveux recouvre la partie postérieure de la tête.

Les muscles du cou, du dos, et en général tous les tissus sont restés intacts dans les parties postérieures du sujet recouvertes de sable. Au contraire, les extrémités des côtes, les parties supérieures des membres, les pieds et les mains ont disparu presque complètement. Le bassin est en partie à nu. Les muscles et la peau, ainsi conservés par un système de momification encore inconnu, ont une couleur brunâtre. Primitivement secs, au moment de la découverte, ils se sont amollis sous l'influence des liquides antiseptiques (solution d'acide phénique) que l'on a cru devoir employer, dans la crainte d'une décomposition qui ne pouvait pourtant pas avoir lieu.

Au moment de l'ensevelissement, le corps de Tabnith avait cer-

---

[1] Hamdy bey, *Mémoire sur une nécropole royale à Saïda* (*id.*, p. 138).

Théodore Reinach, Les Sarcophages phéniciens du Musée de Constantinople (*Gazette des Beaux-Arts*, 1889).

Hamdy bey et Théod. Reinach, *Une nécropole royale à Sidon*, gr. in-folio, Paris, Leroux, 1892-94.

tainement été préparé pour résister à la décomposition. Le thorax avait été ouvert (le sternum et la clavicule gauche manquent) ; les côtes avaient été coupées, et l'opérateur avait pu ainsi enlever l'estomac. Tous les autres viscères ont été respectés.

Tabnith avait les cheveux brun rougeâtre, peut-être teints au hesmé, assez fins et légèrement ondulés. Il avait presque toutes ses dents, moins les deux dernières molaires supérieures droite et gauche, et la troisième molaire inférieure gauche. Enfin, les incisives de la mâchoire inférieure ont également disparu, et les alvéoles se sont résorbées. L'usure de ses dents, le peu de développement de ses bosses frontales, font supposer que Tabnit avait à peine atteint l'âge adulte lorsqu'il est mort.

Le crâne porte des traces d'une forte compression qui aurait été exercée de l'occipital au bregma, au moyen de bandelettes.

L'oreille gauche est restée intacte. Le pavillon est rejeté en avant, comme chez tous les individus qui portent le turban ou une lourde coiffure.

La tête dans son ensemble ainsi que les insertions musculaires très accentuées dénotent un sujet vigoureux. Le crâne est plutôt long que court, et il est moyennement élevé. C'est un mésocéphale ou sous-dolichocéphale. Son indice de longueur est de 77,12, et celui de hauteur est de 75,53.

Comme la face tout entière existe, nous avons pu prendre sa hauteur ophrio-mentonnière qui, comparée à sa largeur bi-zygomatique donne un indice facial de 92,18. Ses arcades zygomatiques sont très proéminentes et lourdes. On remarque sur ce sujet un léger prognathisme alvéolaire, principalement sur le maxillaire inférieur.

Le nez, assez proéminent, présente un indice de 44,44, ce qui en fait un leptorhinien. Les orbites sont assez rapprochées, et leur forme plutôt ronde qu'ovale, donne l'indice de 84,09. Il est donc mésosème orbitaire.

Le maxillaire inférieur est relativement lourd.

Les os longs ne présentent aucune particularité, telles que tibia platychnémique, ou perforation de l'olécrane, etc. Voici la longueur des os des membres :

| | |
|---|---|
| Humérus . . . . . . | 310 millimètres. |
| Cubitus . . . . . . . | 252 — |
| Radius . . . . . . . | 332 — |
| Fémur . . . . . . . | 539 — |
| Tibia . . . . . . . | 363 — |
| Péroné . . . . . . . | 357 — |

Étant donné les tableaux qu'Orfila a dressés pour obtenir la restitution de la taille d'après les os longs, tableaux revus et complétés par Étienne Rollet, la taille de Tabnith était de 1<sup>m</sup>67 à 1<sup>m</sup>68.

N° 2. — Ce crâne, du sexe féminin, a été trouvé dans un sarcophage en syénite anthropoïde de style égyptien. Ce sujet est remarquable par la régularité de sa courbe antéro-postérieure. La suture métopyque est libre, et les sutures occipito-pariétales en partie oblitérées. La suture sagittale est compliquée d'os worniens. Les sinus pariétaux sont très accentués.

Les arcades sourcilières et la glabelle sont légèrement accusées. Les bosses frontales font défaut ou plutôt se fondent de manière à former une proéminence médiane. Cette disposition rend le front étroit et bas mais non fuyant. Les pariétaux sont courts, et les bosses pariétales, assez basses, sont modérément accentuées. Les bords de l'écaille temporale sont moyennement dentelés. Les apophyses mastoïdes sont grêles et les apophyses styloïdes qui sont en bon état, sont assez fortes. L'occipital est globuleux. Ce crâne, celui probablement de l'épouse du roi Tabnith, est brachycéphale ; son indice est de 84,23.

La face est courte ; son indice est de 101,58. Les arcades zygomatiques sont légères, comparées à celles du n° 1. Le nez est aussi beaucoup moins proéminent que chez ce dernier. Les orbites sont encore plus rondes que celles du précédent sujet. Elles donnent un indice de 90,47.

N° 3. — Ce sujet, du sexe masculin, provient d'un sarcophage en marbre de Paros, dit *du Satrape*. Il est remarquable par l'énumération de ses bosses frontales et de ses arcades sourcilières. Les bosses pariétales fort accusées sont basses comme dans le sujet précédent. Les apophyses mastoïdes sont légères. Les sutures, non fermées, sont fines et compliquées. L'occipital est proéminent et la partie bregmatique légèrement comprimée. La face manque.

Dans son ensemble ce crâne est sous-dolichocéphale avec un indice de 76,75.

Nᵒ 4. — Ce sujet provient d'un tombeau anthropoïde en marbre blanc. Comme le précédent, il est dépourvu de sa face, et porte sur le haut du frontal les traces d'une blessure profonde. Les bosses frontales sont peu apparentes, mais les arcades sourcilières sont accentuées. L'occipal est régulièrement arrondi. En résumé ce crâne est sous-dolichocéphale ; son indice est de 76,96.

Nᵒ 5. — Ce crâne appartient au splendide sarcophage dit *des Pleureuses*. Comme les deux précédents, il est dépourvu de la face, et est remarquable surtout par une scaphocéphalie qui se prolonge de l'occipal à la glabelle. Les sutures sont généralement oblitérées, et c'est sans doute à cette oblitération prématurée qu'il faut attribuer cette scaphocéphalie, et sa dolichocéphalie accentuée.

Les arcades sourcilières sont très proéminentes. Le front est étroit et les bosses frontales sont à peine marquées. Les pariétaux présentent des bosses légèrement accusées. L'occipital est proéminent. L'apophyse mastoïde est moins grêle que chez le sujet précédent. Le crâne est sous-dolichocéphale avec un indice de 77,26.

Nᵒ 6. — Ce crâne provient du splendide sarcophage dit *d'Alexandre le Grand*, est dépourvu de sa face. Il est remarquable par la proéminence de ses arcades sourcilières, le peu de développement de ses bosses frontales, la finesse de ses sutures et par la déclivité de son bregma.

Le frontal légèrement déprimé semble avoir subi une compression antéro-postérieure. Ce crâne est manifestement brachycéphale ; son indice est de 86,77. Il sort de la moyenne des autres crânes de Saïda. Seul le crâne n° 2 que l'on attribue à la femme de Tabnith est également brachycéphale. Tous les autres sont sous-dolichocéphales ou mésoticéphales avec des indices variant entre 76 et 77.

Les bosses pariétales sont très marquées ce qui accentue la brachycéphalie apparente du sujet. Les apophyses mastoïdes sont plus fortes encore que sur le n° 5. L'occipital est proéminent et globuleux.

Retrouver, grâce aux données crâniométriques, l'origine ethnique des individus auxquels appartiennent les crânes dont il vient d'être question serait certes un résultat fort intéressant. Malheureusement, bien que les archéologues attendent de l'anthropologie des renseignements de ce genre, il est difficile, dans la circonstance actuelle, du moins, de formuler des conclusions à cet égard, pouvant les satisfaire.

Les populations de la Syrie ont été de tout temps trop hétérogènes, pour que l'on puisse trouver dans la nécropole royale de Sidon des types ethniques purs. Ensuite, on ne possède qu'un trop petit nombre de crânes de cette nécropole ou des autres nécropoles contemporaines de la même région, pour que l'on puisse faire du type phénicien une étude bien complète, et présenter autre chose que des conclusions approximatives.

Voyons néanmoins ce que peut fournir la comparaison des indices céphaliques de ces sujets, les seuls qui aient pu être relevés sur tous, avec ceux que l'on a recueillis sur les séries de crânes provenant, soit de Phénicie, soit des régions habitées par des peuples plus ou moins parents ou voisins des Phéniciens. Mais auparavant, il convient de séparer en deux groupes distincts nos six crânes de Sidon. La première, la moins nombreuse, est brachycéphale. Elle se compose du n° 2, dont l'indice céphalique est de 84,23, et du n° 6, dont l'indice céphalique est de 86,11.

La seconde série qui est sous-dolichocéphale se compose des quatre autres sujets, parmi lesquels se trouve le roi Tabnith ; leurs indices varient entre 76,75 et 77,26.

|  | 1 ♂ | 2 ♀ | 3 ♂ | 4 ♂ | 5 ♂ | 6 ♂ |
|---|---|---|---|---|---|---|
| | NUMÉROS DES CRANES | | | | | |
| Capacité crânienne approchée . | ? | ? | » | » | » | » |
| Diamètre { Ant. post. maxim . | 188 | 184 | 185 | 178 | 190 | 180 |
| Transvers. maxim | 145 | 155 | 142 | 137 | 143 | 155 |
| — bi-auricul. . | 145 | 136 | 140 | 141 | » | 146 |
| — bi-mastoïd. . | 106 | 106 | 104 | 100 | 105 | 109 |
| Diam. vertic. basilo-bregmatique | 142 | » | » | » | » | » |
| Indices cépha-liques { long. = 100 { larg. | 77.12 | 84.23 | 76.75 | 76.96 | 75.26 | 86.11 |
| haut. | 75.53 | » | » | » | » | » |
| larg. = 100  haut | 97.93 | » | » | » | » | » |
| Courbe { Horizontale totale . | 555 | 542 | » | » | » | » |
| — préauricul . | 310 | 335 | » | » | » | » |
| Transversale totale. | 410 | 470 | » | » | » | » |
| Trou occipital { Longueur. . . . | 35 | 40 | 36 | » | 36 | » |
| Largeur. . . . | 28 | 32 | 30 | » | 34 | » |
| Indice. . . . . | 79.99 | 80.00 | 83.34 | » | 94.45 | » |
| Largeur de la face { Bi-orbitaire ext. . | 105 | 103 | » | » | » | » |
| Bi-orbitaire int. . | 30 | 22 | » | » | » | » |
| Bi-zygom. maxim. | 118 | 128 | » | » | » | » |
| Hauteur de la face { Totale (diam ophrio mentonnier) . . | 138 | 136 | » | » | » | » |
| Orbito-alvéolaire . | 80 | 76 | » | » | » | » |
| Indice facial. . . . . . . | 85.50 | 94.11 | » | » | » | » |
| Orbites { Hauteur . . . . | 37 | 38 | » | » | » | » |
| Largeur . . . . | 44 | 42 | » | » | » | » |
| Indice. . . . . | 84.09 | 90.47 | » | » | » | » |
| Nez { Longueur . . . | 54 | » | » | » | » | » |
| Largeur . . . . | 24 | » | » | » | » | » |
| Indice. . . . . | 44.44 | » | » | » | » | » |
| Voûte palatine { Longueur . . . | 48 | 49 | » | » | » | » |
| Largeur . . . . | 37 | 37 | » | » | » | » |
| Basilo-palatin ou distance au trou occipital . . . | 43 | » | » | » | » | » |
| Indice. . . . . | 77.08 | 75.51 | » | » | » | » |

Le tableau suivant montre quelle est la place qui peut être assignée aux Phéniciens de Sidon, d'après leurs indices céphaliques, parmi les crânes sémitiques d'Asie les plus connus.

| | | | | |
|---|---|---|---|---|
| 1 | ♀ | Nabatein . . . . . . . . . . . . | Busk et Blake | 71 05 |
| 1 | ♂ | Palmyrien ancien . . . . . . : . . . | Busk | 71 35 |
| 1 | ♂ | Babylonien ancien . . . . . . . . . . | Hamy | 71 80 |
| 10 | ♂ | Arabes modernes de Suez . . . . . . . | Malief | 72 02 |
| 3 | ♀ | Phéniciens d'Utique (collection d'Hérisson) . | Hamy | 72 90 |
| 2 | ♂ | Arabes modernes d'Asie . . . . . . . | — | 73 40 |
| 2 | ♂ | Palmyriens anciens . . . . . . . . . | Chantre | 73 54 |
| 1 | ♂ | Babylonien ancien . . . . . . . . . | Hamy | 73 60 |
| 1 | ♂ | Palmyrien ancien . . . . . . . . . | Busk | 73 96 |
| 9 | ♂ | Phénicien d'Utique . . . . . . . . | Hamy | 74 80 |
| 1 | ♀ | Palmyrien ancien . . . . . . . . . | Flower | 74 11 |
| 1 | ♂ | Babylonien ancien . . . . . . . . . | Hamy | 75 10 |
| 1 | ♂ | Phénicien de Sidon . . . . . . . . | Chantre | 75 26 |
| 3 | ♀ | Babyloniens modernes . . . . . . . | Hamy | 75 40 |
| 2 | ♀ | Palmyriens anciens . . . . . . . . | Chantre | 75 41 |
| 2 | ♂ ♀ | Palmyriens anciens . . . . . . . . | Blake | 76 |
| 1 | ♂ | Phénicien de Sidon . . . . . . . . | Chantre | 76 75 |
| 1 | ♂ | —    — . . . . . . . . | — | 76 99 |
| 1 | ♂ | —    — (Tabnith) . . . . . | — | 77 12 |
| 5 | ♂ ♀ | Phéniciens de Carthage . . . . . . . | Bertholon | 77 22 |
| 2 | ♂ | Arabes modernes d'Asie . . . . . . . | Hamy | 77 90 |
| 1 | ♀ | Palmyrien ancien . . . . . . . . . | Busk | 78 28 |
| 6 | ♂ ♀ | Phéniciens de Sidon (toute la série réunie) . | Chantre | 79 34 |
| 1 | ♀ | Babylonien ancien . . . . . . . . . | Hamy | 79 50 |
| 5 | ♂ ♀ | Phéniciens trouvés isolément à Saïda ? . . | Chantre | 82 45 |
| 1 | ♂ | Phénicien de la nécropole royale de Sidon. | — | 84 23 |
| 1 | ♀ | —    —    — | — | 86 11 |

La première catégorie peut être rapprochée de certains crânes syriens provenant de la même nécropole et envoyés, au nombre de cinq, au Museum de Lyon, sans indications précises sur l'âge du gisement. Leurs indices céphaliques varient entre 79,20 et 86,31. L'indice moyen de cette série est de 82,45.

Quant à la seconde catégorie, elle peut être comparée d'abord à la série phénicienne découverte à Utique par M. d'Hérisson. On sait que cette collection composée de douze pièces, dont neuf du sexe masculin, ont un indice céphalique moyen de 74,86 et trois de femmes présentent un indice de 73,37.

Cette catégorie est également comparable à la série de Palmyre décrite par Blake, et donnant un indice céphalique moyen de 76.

Nous la comparerons encore à celle de même provenance que possède le Museum de Lyon, composée de deux hommes et de deux femmes dont l'indice céphalique moyen est de 74,45 (hommes 73,54, femmes 75,41) Chez les crânes de cette collection, j'ai encore retrouvé la plupart des caractères propres aux Phéniciens et de Carthage si bien décrits par le D$^r$ Bertholon? dans son important mémoire sur l'origine des Phéniciens, à propos d'une étude sur des crânes Phéniciens trouvés en Tunisie. Ceux-ci, au nombre de cinq, proviennent de Carthage, et leur indice céphalique est de 77,22. Si l'on poursuit la comparaison de nos crânes avec ceux de Carthage, on verra que, comme ces derniers, ils présentent, vus par la *norma verticalis*, un front étroit et arrondi avec élargissement marqué au niveau des bosses pariétales. A Sidon, comme à Carthage, la glabelle est rarement accentuée, et le front et bas; la voûte cranienne, chez les uns comme chez les autres, n'atteint pas son point culminant vers le bregma, elle continue à s'élever jusqu'au niveau des bosses pariétales. Enfin, comme ceux de Carthage, la plupart des sujets de Sidon ont une forme rhomboïdale. Et, entre autres caractères essentiels communs à ceux de Sidon et à tous les autres crânes phéniciens connus, citons un nez étroit plutôt droit qu'abaissé, des orbites généralement rondes et une face moyennement large.

En ce qui concerne l'origine ethnique des individus dont nous venons d'étudier la morphologie, il n'est pas plus loisible à l'anthropologie de l'établir d'une façon précise, d'après les caractères fournis par la crâniométrie, qu'à l'archéologie, d'après le style des sarcophages qui les contenaient.

Toutefois, sans entrer dans le débat qui est loin d'être clos, sur l'origine des Phéniciens, en admettant que les crânes de Sidon leur appartiennent bien, je crois que l'on peut déduire des descriptions et des comparaisons qui précèdent, que les personnages inhumés à Sidon, y compris Tabnith, étaient de race sémitique. Aucune raison sérieuse, en effet, ne peut s'opposer, à ce qu'on leur accorde cette origine puisqu'ils présentent les plus grands rapports avec d'autres crânes qui ont été qualifiés, à juste titre sans doute, de Sémites.

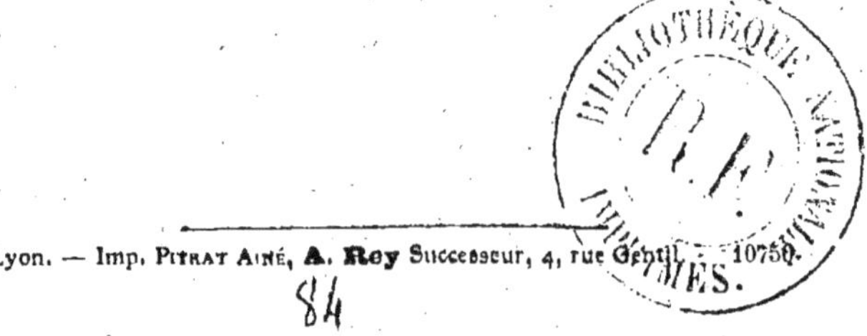

Lyon. — Imp. Pitrat Aîné, A. Rey Successeur, 4, rue Gentil. — 10750.

www.ingramcontent.com/pod-product-compliance
Lightning Source LLC
LaVergne TN
LVHW051035060726
842524LV00007B/2839